西岛悦

熟龄美妆术

（日）西岛悦◎著　　马金娥◎译

辽宁科学技术出版社
·沈阳·

前 言

随着年龄的增长，您是否感到皮肤的状态、容貌在慢慢发生变化。
大家都是在哪个年龄段开始注意到这些变化的?

每次我向成熟女性询问化妆的烦恼时，经常会听到这样的回答。
"请告诉我能够完美遮住脸上瑕疵的化妆方法。"
"因为眼角周围有较多的皱纹，所以我不知道该如何化眼妆……"
"由于年龄的关系，不太敢使用鲜艳的颜色。"
各位成熟的女性是否也有同样的烦恼呢? 但是我却为有这些想法的女士们感到一丝遗憾!
色斑也好，皱纹也好，这些肌肤的瑕疵不也正是岁月累积的证明吗? 我认为只有在这种认识下才不会失去化妆的乐趣。

随着年龄的增加而感觉到容颜、肌肤的变化时，就是应该重新认识化妆的时候。重新审视迄今为止一成不变的化妆方法，考虑一下"从今往后的化妆"。只要改变一下化妆的方法，就能体现出与年龄相符的美丽与优雅。

即使眼角出现了皱纹，即使脸上会若有若无地出现一些雀斑，有时这些皱纹和斑点反而会成就更有魅力的妆容。这本书和DVD就是为成熟女性量身定做的，希望熟女们能够学会如何化出自然、优雅的"幸福妆容"，我写这本书的主要目的也正在于此。这本书中所介绍的化妆技巧都是最基本的，只要记住一些简单的要领就可以轻松掌握。

对于经历了岁月洗礼却巧妙隐藏了岁月痕迹的成熟女性来说，"美丽的容颜"是一枚珍贵的勋章。

只要您稍微改变一下一直以来对化妆的看法，就一定可以让自己的光芒胜过现在好多倍。通过此书，能够让更多的女性发现自己的魅力是我最大的荣幸。

西岛悦

目 录

DVD的使用方法

请使用本书附带的DVD观看西岛悦老师的化妆课程。

课程按顺序收录了从底妆开始的化妆过程。

读者既可以观看全过程，也可以只挑选自己需要的部分观赏。

观看DVD时

1 把碟片放入DVD机，DVD自动运作，您就会看到菜单画面。用电脑播放时，将碟片放入DVD播放器中画面就会自动出现（注意：机种不同，可能会出现不同情况）。

2 菜单画面中会出现播放全部、第一章、第二章，以及各个部位的化妆技巧等选项，使用者可以用遥控器自行选择。

西岛悦
熟龄美妆术

播放全部

第一章
基础妆
· 妆前乳
· 粉底

第二章
局部妆
· 眉毛
· 眼线
· 眼影
· 睫毛膏
· 唇妆
· 腮红&高光

播放全部影像时

选择"播放全部",按下确认按钮后视频开始播放,待播放完成后将回转到菜单画面。

播放单个章节时

选择第一章、第二章或下面的各个选项后按下确认按钮,影像就会从您所选的章节开始播放,直到影片播放完毕。

※在播放影像时只要按下遥控器中的菜单键,视频就会回到菜单画面。

DVD注意事项

◎播放器材不同,具体操作方法也会有所差异。使用时请参考播放器材的使用说明书。

◎尽量避免碟片的任何一面粘上指纹、污渍和划痕,小心保管。同时注意碟片不能承载过重的负荷,如果负荷过大碟片会产生裂纹,从而影响读碟效果。请不要用影音器材清洁器或清洁剂来清理碟片。

◎请不要用铅笔、圆珠笔、油性笔等在碟片两面写字、画画;不要将贴纸贴在碟片上。

◎绝对不要将破裂、变形的碟片用黏着剂修补好后继续使用,以免发生危险。另外,使用静电防止剂也可能导致碟片破损。

◎观看完后请将碟片从机器中取出,放到专门收纳DVD的地方。请避免将DVD放到日光直射的场所、车辆里、高温潮湿的地方。

◎观看视频时请保持室内明亮,尽量远离电视画面。避免长时间持续观看。

第 **1** 章

了解自己的"脸"

~脸与年龄的关系~

您认为擅长化妆的人与不擅长化妆的人差距究竟在哪儿?
其实就在于是否了解自己的脸。
无论您有多么高超的化妆技巧,用多么高级的化妆品,
如果您不了解自己的脸部构造就化不出令人满意的妆容。
在开始化妆之前,还是先了解一下自己现在的"脸"吧。

随着年龄的增长
您的脸会出现哪些变化呢？

无论是谁，在看自己5年前的照片时，都会发出"真年轻啊"的感慨吧。虽说没有巨大的变化，但是脸却如实地反映着自己的年龄。请看看下面的照片。20岁时的脸皮肤紧绷，轮廓分明，而60岁的脸明显下垂，皮肤也呈现暗黄色，这就是年龄给脸部带来的变化。正因为我们的脸会发生变化，所以如果继续使用和10年前同样的方法化妆是不可取的。

20岁

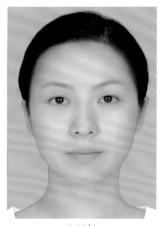

30岁

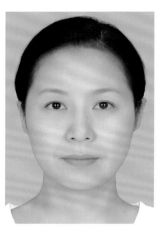

40岁

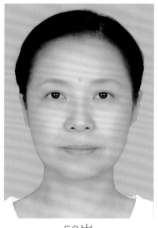

50岁

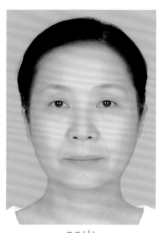

60岁

造成"老颜"的3要素

脸由于年龄的增加而引起的变化包含3个要素。
这就是"色、面、线"。这3个要素也是我们化妆时要重点注意的要素。
在各个要素的基础上化妆，可以让您年轻10岁。

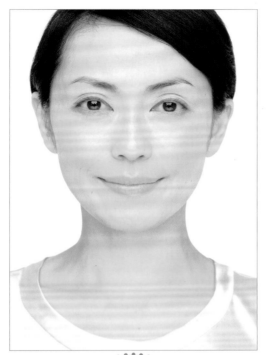

 色

因为黯沉、色斑而下降的透明感

肤色的变化

★ 肌肤逐渐变暗黄、失去透明感

★ 黑眼圈和眼袋越来越严重、感觉很疲惫

★ 老年斑、色斑等肌肤问题突出

★ 脸色变差，看上去很疲倦

 面

皮肤失去弹性、脸部松弛

面部的变化

★ 脸颊下垂、看上去很宽

★ 脸的线条变得松弛模糊

★ 颧骨变得突出

★ 脸失去了立体感，变得扁平

线

眼、嘴周边的轮廓变得模糊

线条的变化

★ 睫毛变得稀疏、眼睛的印象不再突出

★ 眉毛变淡，变得不明显

★ 嘴唇的轮廓变得模糊

★ 眉毛、眼睛、嘴角全部下垂

色

肤色和血色打造通透美肌

通过底妆和粉底打造完美肌肤、去掉黯沉

成熟女性化妆时需要注意两个"色":第一个需要注意的是肤色。随着岁月的流逝,肌肤会逐渐变得黯淡无光,而让肌肤变暗的元凶正是肌肤上的黯沉,以及由毛孔、肌肤的凹凸部位留下的"阴影"。化底妆、用粉底的目的,就是要把肤色调整到比较有光泽的状态。

年龄越大基础妆就越发显得重要。但这并不是说妆涂得又厚又重就可以了,也不是说为了让肌肤看起来更有光泽就涂些颜色明亮的粉底,我们应该在化底妆时把肌肤的凹凸处好好地遮盖住,在涂粉底时选择和自己肤色契合的色号并薄薄地涂在脸上,再开始进行下一步。总之,化好底妆的关键就在于要选择适合的粉底,并少量、正确、均匀地涂抹。

通过腮红和口红打造有血色的红润美肌

我们需要注意的第二个色就是"血色"。泡完澡后看到双颊变得红扑扑的，是不是很美呢。健康的血色正是年轻肌肤的象征。

在化妆时能够增加、改善血色的化妆品就是腮红和口红，但是在选择腮红和口红的颜色时一定要慎重。很多人心中都有自己喜欢的腮红和口红的颜色，从20岁开始就一直没有改变过腮红和口红的颜色的人不在少数，这点是值得商榷的。属于黄种人的亚洲人随着年龄的增长肌肤会慢慢变暗黄，所以化妆时选的颜色不相应，就化不出漂亮的血色。

为了增加血色，我建议大家可以选择珊瑚色、橙色、西瓜粉等色系。这些颜色与我们本身肌肤的颜色比较协调，给人由内而外的健康血色的感觉。

面

从正面、斜面、侧面3部位打造妆容

脸不是一个平面体而是立体的

我们每天通过镜子来观察自己的脸。镜子是平面的，所以人们通常会忽略本身立体的脸，而错误地认为自己的脸是平面的。

实际上我们的脸是多层面立体的。请大家记住脸可以分成"正面"、"侧面"两个部分，以及连接这两个部分的"斜面"，共3个区域。所谓"正面"就是脸前端最突出的部分。这部分越大脸就看起来越大，反之这部分越小脸就看起来很小。而"侧面"就是脸最边缘的区域。化妆时"侧面"可以打一些"阴影"。大家在了解了面部的构造后再化妆，就知道该如何增加脸部的立体感了。

本书是在将面部分为"正面"、"斜面"、"侧面"这3个区域的基础上，来向大家介绍化妆方法的。

侧面

斜面

正面

通过"正面"的两个区域
来提升立体感

在化妆的过程中，如何凸显脸的"正面"是一个很重要的步骤。在这个过程中应该有"让高的部分看起来更高"的意识。

首先是T字部位，它包括额头、鼻梁、下颌等脸中央的部位。如果能让这些部位看起来更高的话，就能塑造出近似雕像的脸庞，让您更加美丽。

还有一个区域就是眼睛之下，颧骨之上的三角区域。化妆时如果能够凸显这个三角区域的话会有提升脸颊的效果，同时能打造出既饱满又具有立体感的妆容。特别是对于年纪较大的女性来说，由于重力的影响，脸颊上的肉比较容易下垂，通过凸显这个三角区域，可以掩盖脸颊的松弛感。

在打高光和腮红时需要特别注意T字部位和三角区域这两个重点对象。

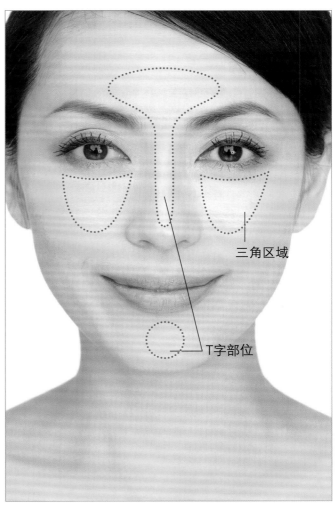

三角区域

T字部位

画出整齐而不突出的线

随着年龄的增长"线"开始变得模糊

随着年龄的增长您是否发现脸上的五官没有年轻时那么鲜明了？明亮的眼睛开始变小，嘴唇也变薄了，这就是"线"的变化。这些变淡的"线"只能通过化妆来填补。

眼线笔和唇线笔是画线的专用化妆品。但是画线时必须要注意方法，如果把眼线画成像边界线似的那么明显，眼睛就会给人过于严厉的感觉。画唇线时也是如此，如果画得轮廓分明，嘴唇就会变得非常不自然。

化妆时我们画线的目的只是补充一下原本就有的边界，使面容更加具有立体感。画线时，线条要尽量模糊而协调。在画出自然流畅的线的基础上，我们才能打造出优雅、干练的妆容。

眉毛

眉毛的数量变少，又稀又薄

睫毛

数量、长度、厚度都减少，眼睛给人的印象不再突出

眼睛的轮廓

因为睫毛量减少，眼睛的轮廓变模糊

嘴唇

嘴唇的轮廓变得模糊不清，嘴唇变薄，失去丰盈感

眉毛

使用眉笔整理好眉形，再用眉粉将眉毛稀疏的地方补上。眉毛不要修得过细，修饰出适度粗细的眉毛会使您更显年轻。

睫毛

睫毛膏能够增加睫毛的长度和密度。睫毛夹可以使睫毛上翘，让眼睛看起来更大、更富有生气。

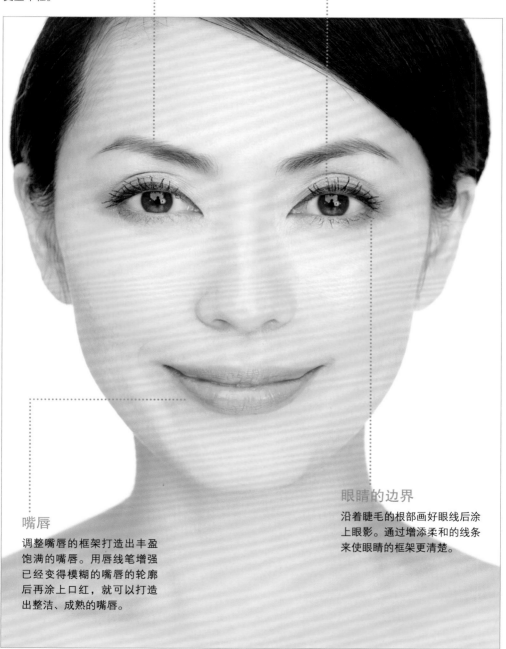

嘴唇

调整嘴唇的框架打造出丰盈饱满的嘴唇。用唇线笔增强已经变得模糊的嘴唇的轮廓后再涂上口红，就可以打造出整洁、成熟的嘴唇。

眼睛的边界

沿着睫毛的根部画好眼线后涂上眼影。通过增添柔和的线条来使眼睛的框架更清楚。

调整好色、面、线可以
让您年轻10岁

成熟女性应该化出
优雅、健康的妆容

化妆时，着重色、面、线这几方面才能展现出自己脸部最大的魅力，从而打造出更完美的妆容。大家可以看一下化妆前后的对比照片。涂上粉底、打上腮红后的肌肤透明感一下子就提升了，虽然粉底的亮度与肌肤的亮度相同，但涂完粉底后肌肤的整体状态看上去立刻就变好了。在脸的"正面"打上高光以后脸的立体感明显增强了，脸也比化妆之前看起来小了许多。通过化妆强调了眉毛、眼睛、嘴的印象后，干练的成熟女性的魅力也变得更突出了。

成熟女性一定不要化太过华丽的妆，优雅、成熟的妆容才是最合适的。请大家一定要重新审视一下自己迄今为止的化妆方法。在学会成熟女性的化妆方法之后，您一定会对现在的自己更加充满自信！

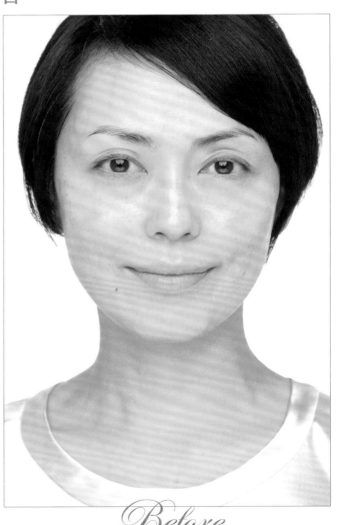

Before
化妆前

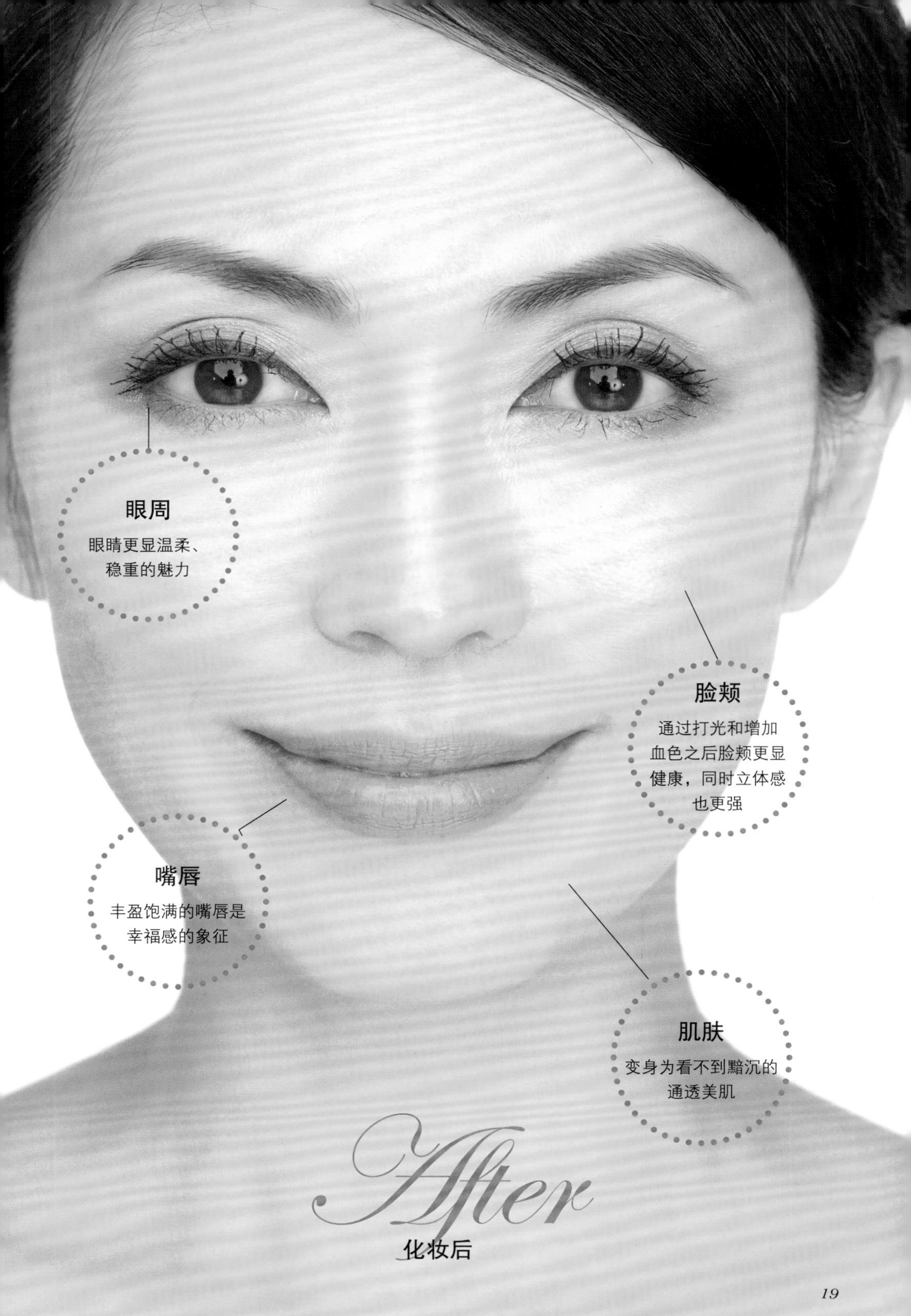

眼周
眼睛更显温柔、
稳重的魅力

脸颊
通过打光和增加
血色之后脸颊更显
健康，同时立体感
也更强

嘴唇
丰盈饱满的嘴唇是
幸福感的象征

肌肤
变身为看不到黯沉的
通透美肌

After

化妆后

第2章

让肌肤绽放魅力

~打造通透、自然的美肌方法~

成熟女性的美丽取决于肌肤的状态。

在化妆过程中，底妆显得尤为重要。

可以说妆容的80％是由底妆决定的也不为过。

底妆的重点就是如何把肌肤打造成通透、自然的肌肤。

下面我就教大家如何不费时、用极少的化妆品打造美肌的方法。

Skin 护肤 *Care*

做好充分的保湿后再做收敛工作

如果皮肤干燥起皮、毛孔张开的话不利于粉底的涂抹，同时也影响眼影和腮红的效果。所以化妆前要涂上化妆水和乳液做好保湿工作。最后再用具有收敛效果的化妆水做好收敛工作，护理好肌肤后再涂化妆品就容易多了。

Point 要点

★ 用化妆棉来涂抹化妆水和乳液可以让肌肤的保湿更加均匀
★ 在特别干燥的部位可以反复涂抹化妆水和乳液
★ 涂完乳液后再拍上收敛水

1 用化妆棉蘸取化妆水后，由下至上涂抹脸颊

将比1元硬币稍大的化妆水倒在化妆棉上。把化妆棉夹在食指和小拇指之间，从嘴角旁边开始，向脸颊上方仔细涂抹。

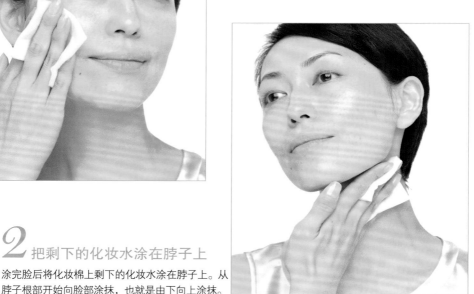

2 把剩下的化妆水涂在脖子上

涂完脸后将化妆棉上剩下的化妆水涂在脖子上。从脖子根部开始向脸部涂抹，也就是由下向上涂抹。

欧珀莱
时光锁紧实弹润系列　醒活柔润水
（滋润型）
配合胶原蛋白紧致成分和预防弹力阻碍因子活动的成分，为顺畅调理肌肤提供支持的化妆水。

欧珀莱
时光锁紧实弹润系列　醒活柔润乳
（滋润型）
配合胶原蛋白紧致成分和预防弹力阻碍因子活动的成分，为顺畅调理肌肤提供支持的乳液。

3 在容易干燥的眼睛周围涂上充分的眼霜

涂完化妆水后开始涂抹眼霜。将绿豆粒大小的眼霜倒在化妆棉上后，以弹钢琴的方式，均匀地轻轻将眼霜拍打在眼周肌肤上。在眼睛周围容易干燥的地方，用指腹多按几下。

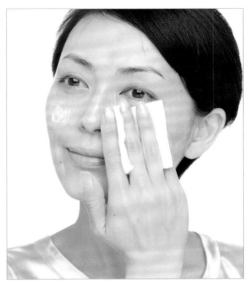

4 在容易出现细纹的嘴的周围轻轻拍上乳液

法令纹和嘴角干燥的话就容易出现小细纹。用沾有乳液的化妆棉轻轻拍打这些部位，增加滋润效果。

5 最后拍上收敛水

将1元硬币大小的收敛水倒在化妆棉上，将收敛水轻拍到全脸。做好充分的保湿工作后再收紧肌肤，让肌肤更丰满、有弹性，也不用担心毛孔的问题了。

资生堂
透白美肌亮润收敛化妆水

触感清爽冰凉的亮白紧肤水，有效抑制油光和黏腻感，改善上妆效果。抑制黑色素生成，有效对付显著黑斑和暗哑，带来柔滑均匀且亮泽的肤色。

欧珀莱
时光锁紧实弹润系列　集中紧肤霜

特别配合毛孔紧致氨基酸成分，预防细纹、皱纹，更可改善毛孔，缔造富有弹性的紧致肌肤。

Makeup 妆前乳 *Base*

掩盖色斑和凹凸等肌肤问题的必需品

完成护肤步骤后不要马上涂粉底。在涂粉底之前先涂上妆前乳（隔离霜、修饰乳等）这样可以很好地修饰色斑、凹凸等肌肤问题，是化妆时不可缺少的步骤之一。选择妆前乳时最好选择高品质、富有润泽感的产品。产品散发的自然光泽可以提升脸的立体感。

Point 要点

★ 妆前乳取一粒珍珠大小的量就可以涂完全脸
★ 涂抹时由脸的中央向外延展
★ 在脸周涂上薄薄的一层即可

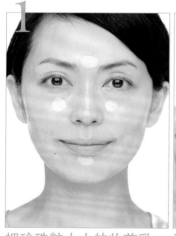

把珍珠粒大小的妆前乳分别涂在双颊、额头、下颌这4个地方

一粒珍珠大小的妆前乳就够涂抹全脸的。将其分别涂在两眼的下方、眉间和嘴唇的下方。为了使双颊看上去更具有光泽可以在双颊多涂一些，额头和嘴唇下面可以少涂一些。

涂抹双颊上的三角区域时用指腹不断延展妆前乳

从脸的正面开始延展。在最需要增加光泽的眼睛下方的三角区域慢慢涂抹、延展妆前乳。用中指和无名指的指腹轻轻地延展、拍打，慢慢将妆前乳涂抹开。

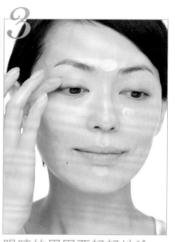

眼睛的周围要轻轻地涂抹

涂完整个脸部后，用手指上残留的少量妆前乳涂抹上眼皮和下眼皮。用指腹轻轻地向眼尾方向涂抹就可以了。涂抹时注意鼻翼两侧的凹陷处，一定要涂抹均匀。

太阳穴处的疤痕处也要先涂上妆前乳

太阳穴处有疤痕的人在涂抹妆前底乳时要将其先点在疤痕处。这样有除去"阴影"的效果，可以使颧骨看起来不那么显眼。

> 涂抹时用中指和无名指的指腹涂抹。

针对不同的肌肤问题选择相应的妆前乳的颜色

粉色
建议脸色发青的人使用。粉色妆前乳可以自然修饰这种肤色。

白色
白色的、含有珍珠成分的妆前乳适合肤色较暗的人。

乳白色
颜色比较自然，适合各种成熟女性的肌肤。

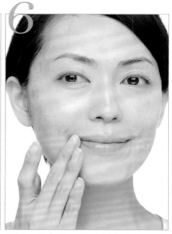

一边按压一边涂抹"斜面"和侧面

接下来开始涂抹"斜面"。从太阳穴开始沿着"斜面"用手指一边按压一边涂抹。涂的时候要注意一边抹匀一边按压。用手掌将妆前乳向脸的侧面揉抹，直至涂匀。

额头部分由中央向外涂抹

把涂在眉间的妆前乳向额头处涂抹。用中指的指腹不断按压，并由中央向外涂抹。中间涂抹的多一些。边缘可以少涂一些。

嘴角也要仔细地涂匀

把涂在嘴唇下面的的妆前乳沿着嘴唇的轮廓涂匀。嘴角下垂的人可以注意涂抹嘴角部分，这样会使嘴角看起来更有光泽。此外，法令纹等比较重要的部位也要仔细涂抹。

用图中所示的手的部位来按压、涂抹。

资生堂
新透白美肌亮润色控霜
防护底霜，添加美白成分，有效改善色斑。在各种易形成色斑的因素下保护肌肤，并能调整肤色，修饰肤色不匀，塑造亮泽润白的肌肤。

资生堂
心机彩妆　亮白精华修颜乳
特别添加亮白精华，能提升粉底贴合度与持妆度，亲和肌肤浑然天成。出色防晒功效帮助阻挡紫外线，防御外来伤害。呈现盈白娇柔的亮丽肌肤。

粉底 Foundation

记住以下3种涂抹方法、打造理想妆容

当你意识到自己出现了鱼尾纹和皱纹后，粉底是不是涂得越来越厚了呢？其实年龄越大粉底就越不可涂得过厚。粉底的效果能不能完美地发挥主要还是在涂抹方法上。

脸的正面、斜面、侧面粉底的用量和涂抹方法是有所差别的。只要掌握了正确的涂抹方法，即使是普通的粉底也能打造出完美的肌肤。

Point 要点

★ 脸的正面要充分涂抹，侧面要涂得薄一些
★ 记住下面3种涂抹粉底的方法，在不同的部位使用不同的方法
★ 注意脸周的涂抹，使脸周的肤色与脖子的肌肤自然相接

打造自然美肌的 3种涂抹方法

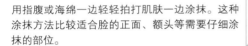

1 拍打涂抹法→脸的正面 ◯

用指腹或海绵一边轻轻拍打肌肤一边涂抹。这种涂抹方法比较适合脸的正面、额头等需要仔细涂抹的部位。

2 按压涂抹法

用手掌或大块海绵按压涂抹的方法。使用这种方法涂抹正面和侧面之间的斜面，可以把粉底涂抹得更均匀。

3 轻擦 ⟶

用手掌或海绵轻轻涂抹的方法。这种涂抹方法适合脸周、额头的发际处等只需少量粉底的地方。

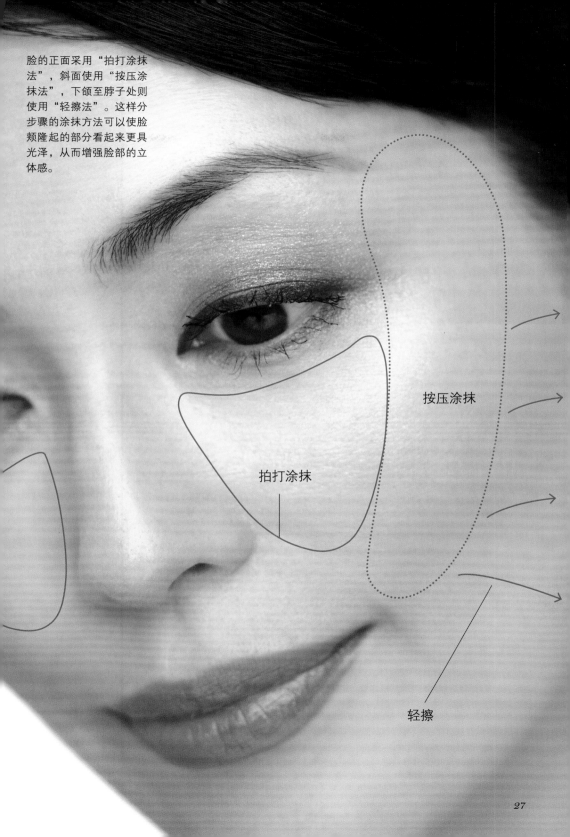

脸的正面采用"拍打涂抹法"，斜面使用"按压涂抹法"，下颌至脖子处则使用"轻擦法"。这样分步骤的涂抹方法可以使脸颊隆起的部分看起来更具光泽，从而增强脸部的立体感。

按压涂抹

拍打涂抹

轻擦

Foundation
粉底液
让干燥肌肤变成水润美肌

一般来说，成熟女性比较适合用含有保湿成分的粉底液，它既可以锁住肌肤水分又可以修饰出散发光泽的肌肤。粉底液可以用手直接涂抹，但用海绵的话会涂抹得更均匀，效果更好。成熟女性在购买粉底液时最好选择比自己的肤色稍亮的颜色。

要点
★ 可以打造出水润光泽的肌肤
★ 涂上薄薄的一层即可，比较方便
★ 具有遮瑕功能

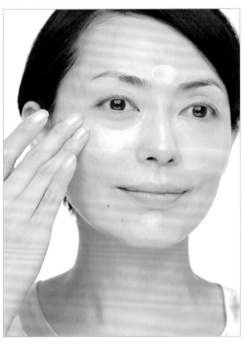

1 用指腹将粉底液涂在脸上的4个部位，脸颊上稍微多涂一点，涂开

将粉底液分别涂在脸颊、额头、下颌这4个地方。为了遮掩黯沉和黑眼圈需要在脸颊上多涂一些粉底液，下颌的面积没有那么大，可以少涂一点。首先用指腹将脸颊处的粉底液抹开。

一粒珍珠大小的粉底液的量就可以涂完全脸了，中途不需要再补充。

2 用海绵一边轻轻拍打一边涂抹

用海绵一边轻轻敲打一边将粉底液涂开，从脸颊的高处慢慢向外、向下涂抹。

资生堂
水润乳粉膏

给予肌肤深度滋润，维持一整天的光彩妆容。可以掩盖黯沉、黑眼圈、色斑、雀斑、毛孔等肌肤问题，让肌肤看起来光滑无暇。
SPF15・PA＋＋

资生堂
至美粉底液

调节水油平衡的同时，把肌肤调整至更良好的状态。彻底遮盖毛孔及凹凸，持续独一无二的滋润感，使美妆效果更持久。

3 竖起海绵来涂抹鼻骨的两侧

用海绵的折角来涂抹脸上凹凸的部位。用海绵仔细涂抹眉头的凹陷处。在上眼皮和下眼皮上也涂上少量的粉底液。

4 斜面的部分要用海绵紧紧按压

涂抹连接正面和侧面的斜面部分时，要用海绵的宽面沿太阳穴紧紧涂抹至嘴角。

5 脸周轻轻涂上即可

用海绵上剩下的少量粉底液涂抹脸周即可。沿着脸周围用海绵将粉底液轻轻涂抹均匀。

6 用粉扑将粉饼涂在脸上

最后的步骤就是涂粉饼了。在粉扑上沾满粉饼。按眼睛下方的三角区域、T字区域、鼻翼、额头的顺序涂抹，最后涂抹脸周即可。

资生堂
透明散粉

适合所有肤色的透明散粉。像丝般清透却又能完美地遮盖毛孔。含保湿成分。经过敏感肌肤测试。

Foundation 粉饼

为您打造轻盈细腻的肌肤

粉饼是一种非常便利的化妆品，但是人们还是常常会担心浮粉的问题。近年来，粉饼质量越来越好，颗粒也越来越细，同时还具有保湿润泽效果。只要用海绵正确地涂抹，无论谁都可以打造出细腻、自然的美肌。

> **要点**
> ★ 涂完妆前乳后再涂上适量粉饼即可、非常便捷
> ★ 涂上薄薄的一层即可，日常化妆可以经常使用
> ○ 不需要使用复杂的技巧

1 用海绵蘸取粉饼时要均匀

涂好粉饼的技巧在于如何蘸取粉饼。用海绵在粉饼表面轻按1～2次，使半块海绵均匀地蘸上粉。如果用力蘸取的话会使海绵的粉底量分布不均。海绵上的粉底量大致够半个面部使用。

2 从眼睛下面开始一边拍打一边涂抹

粉饼的涂抹方法与粉底液的涂抹方法是一样的。先用海绵从眼睛下方开始，向外至下涂抹。用海绵一边轻轻敲打一边慢慢涂抹、延展，均匀地涂开。

欧珀莱
美活轻透粉饼 oc10
可持续演绎肌肤与生俱来的自然印象，营造柔嫩而有活力的美丽肌肤。

资生堂
心机彩妆亮白恒采两用粉饼
为您打造细腻、透明、纯白的肌肤。两种粉饼配合使用可以提亮肤色、一瞬间瑕疵就消失了，妆效持久。可以配合滋润肌肤的纯白精华使用。

3 利用海绵折角涂抹鼻子两侧

鼻子两侧的凹陷处是人们经常忘涂的地方。竖起海绵来，利用海绵的折角仔细涂抹。此外，左右移动海绵轻擦眼睛周围。

4 轻擦侧面

涂完正面后，一边轻轻按压一边涂抹侧面和斜面，接着用海绵的宽面沿着脸的轮廓线条涂抹粉饼。

5 用海绵上剩下的粉底按压鼻翼等处

检查鼻翼、嘴角、眼尾等处，折叠海绵，用折角按压。涂完半面后，另一侧采用相同的方法涂抹。

比起"完美隐藏"，"若隐若现"
才是最好的遮瑕方法

色斑、黑眼圈等特别明显的瑕疵可以用遮瑕产品适当地遮盖。

如果您使用的是膏状的遮瑕产品，请在涂完粉底液之后使用、

如果您使用的是粉饼状的遮瑕产品，请在涂粉底之前使用。

在离镜子1米处观察一下，如果没有特别明显的瑕疵就不需要使用遮瑕产品。

眼睛下的黑眼圈

在粉底遮不住黑眼圈的情况下，
用与肌肤颜色一样、质地较硬的
遮瑕膏来遮盖，最后再用遮瑕刷
修饰刷匀即可。

资生堂　遮瑕膏

既可以轻松遮盖黯沉、黑眼圈、痘痕等局
部烦恼也可以解决红脸颊等大范围的肌肤
问题。与肌肤贴合不脱妆，防水、防汗、
防油脂。可以维持自然、持久的妆容。

1 从眼角开始向眼尾方向涂遮瑕膏

用遮瑕膏来遮盖黑眼圈，从眼角开始一直涂
到眼尾。

2 用棉签或刷子擦拭遮瑕膏的边缘

用棉签或细刷来擦拭遮瑕膏的边缘，使遮瑕
膏自然地与肌肤融合。注意不要擦拭想要隐
藏的瑕疵部分，如果擦过头了黑眼圈就暴露
出来了。

痣、小色斑

使用遮瑕笔可以完美遮住小瑕疵，用遮瑕刷可以使妆容更自然。

资生堂
心机遮瑕膏

修正色斑、雀斑、黯沉等肌肤问题。能够自然遮盖肌肤问题，与肌肤融为一体。具有防晒功能。
SPF25·PA＋＋

用遮瑕膏的边缘或遮瑕笔来遮住痣。涂的时候最好比痣大出一圈，然后在将其边缘抹匀。

眼睛下方的黯沉

如果您想把眼睛下方大片的黯沉完全掩盖的话，反而会更加显眼。可以用高光笔增加此处肌肤的亮度。

使用本品

珂丽柏蒂
肤色调控笔

遮住脸上瑕疵、让您的皮肤变得水润光泽。

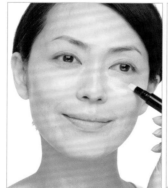

1 用高光笔涂抹脸上的三角区域

用高光笔来涂抹眼睛下方的三角区域。从下眼皮稍下的位置开始，一直涂到颧骨上方，涂的时候注意不要超过这个范围。

2 用指腹一边轻轻敲打一边涂抹均匀

用无名指的指腹一边轻轻敲打一边将高光粉抹匀。无名指用不上什么力气，因此可以涂抹得更好。

腮红和高光粉

Cheek & Highlight

提升血色、光彩、立体感，让您的表情更生动

腮红可以使您的肌肤看上去更健康，同时还能增加五官的立体感，可以说是一种具有神奇魔法的化妆品。高光粉可以消除脸上的黯沉，增加肌肤的亮度。只要掌握了这两种化妆品的使用技巧，脸上的黯沉、色斑等瑕疵就不会再那么显眼了，一瞬间您就可以变身为美人。但是不能随便涂抹，应该掌握正确的方法，涂在哪儿？怎么涂？

Point 要点

★不管是腮红还是高光粉掌握涂抹的范围是很重要的
★使用专用化妆刷可以让效果更好
★建议大家使用带有优雅珠光的产品

用专用的化妆刷来涂腮红和高光粉

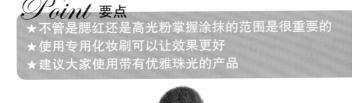

资生堂
眼影刷（中）
化妆效果出众，轻松打造完美眼妆，采用柔软、高级的天然毛制成的眼影刷。

资生堂
胭脂刷
可以轻松打造自然、富有立体感的妆容，采用高级天然毛制成的腮红刷。

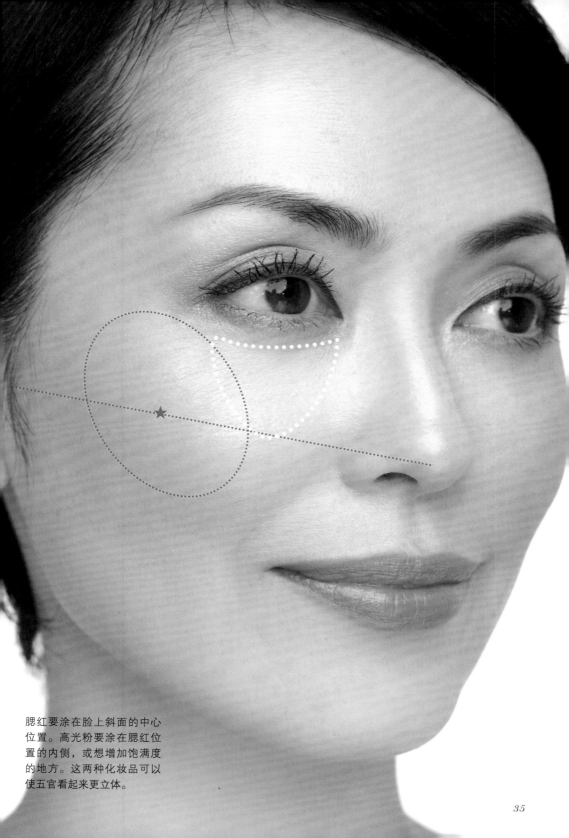

腮红要涂在脸上斜面的中心
位置。高光粉要涂在腮红位
置的内侧，或想增加饱满度
的地方。这两种化妆品可以
使五官看起来更立体。

腮红

以斜面为中心画椭圆形

画好腮红的重点在于让腮红与正面和侧面自然相接。如果您还年轻，即使把腮红圆圆地画在脸的正面也会非常可爱，但是这种化腮红的方法并不适合成熟女性。在脸的斜面处，以连接鼻头和耳朵的线的中点为中心开始画腮红（P35中标出的星号附近）。首先把腮红刷放在中心位置上，然后沿逆时针方向画椭圆形。

Point 要点

★ 选择稍带黄色的腮红会使血色看起来更好
★ 先把腮红刷到脸的斜面部分
★ 画腮红时注意眼睛下方的三角区域

将腮红充分、均匀地蘸在腮红刷上

OK

蘸取完腮红后将腮红弄均匀

用腮红刷头蘸取足量的腮红后，用手背或化妆纸轻轻敲打使腮红均匀分布。

NG

没有将腮红弄均匀、腮红都聚在一块

蘸取完腮红后，腮红刷上的腮红会像图中显示一样都聚在一块。就这样直接使用的话，画出的腮红很容易颜色不均。

1 从位于鼻头和耳朵的连线处的斜面开始画腮红

从鼻翼和耳朵中间的连线与脸的斜面重合的地方开始画腮红。画的时候要保持微笑的表情，这样比较容易找到画腮红的位置。

能够呈现自然血色的腮红是成熟女性的必备品

橙粉色

在粉色系腮红中，橙粉色或珊瑚粉色的腮红都比较适合成熟女性。这种色系的腮红能够使您看起来既温柔又可爱。

橘色

橘色系的腮红可以说是成熟女性的最佳配备。轻轻地将腮红刷在脸上就能让您的肌肤呈现健康活力的色彩。

"NG" 的颜色

砖红色的腮红会让您的皮肤看起来没有光泽，这种颜色主要用来强调脸部的阴影部分。砖红色属于比较难驾驭的颜色。

2 向后画椭圆形

首先从侧面开始刷腮红，按照图中的方法在脸颊侧面轻轻地移动刷子，最后再回到原点。向外侧画时刷子稍稍向上提，返回时刷子向下走，勾勒出一个椭圆形的轨迹。

3 画正面时要注意眼睛下方的三角区域

接着画脸颊正面。从图1中的起点开始沿着嘴角上方画椭圆形，要注意突出眼睛下方的三角区域。

欧珀莱
浅笑轻点颊彩 OR1
只需轻轻在肌肤上拍打，就能呈现充满光泽的立体感。提亮肤色，展现明媚妆容。

资生堂
丝彩胭脂 RD103
拥有高品质的丝滑质感，可以与肌肤融为一体，散发美丽光泽。运用胭脂光芒，打造理想妆容。让肌肤长久保持透明感和光泽。

Highlight 高光粉

根据骨骼结构，打造优雅、立体妆容

我们使用高光粉的目的有两个：一是强调脸部骨骼、肌肉的突出部分，增加立体感；另一个目的就是消除脸上的暗影部分。大家可以一边照着镜子一边尝试一下如何使用高光。要想得到完美的妆容效果就不能随便涂抹，一定要瞄准有效的位置后再开始打高光。在使用时选择与腮红配套的高光粉的颜色即可。

Point 要点

- ★ 打高光的基本位置在眼睛下方的三角区域
- ★ 其次需要打高光的部位是最需要"增高"的T字部位
- ★ 因为年龄的关系而逐渐显现的"暗影"部分也要打上高光

高光粉具有两种效果

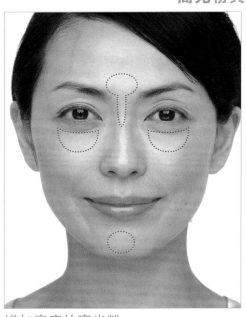

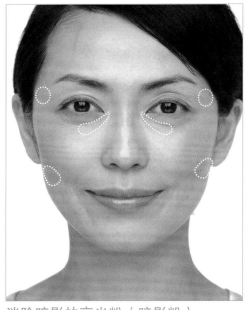

增加亮度的高光粉

在脸部需要突出的部位打上高光粉可以增加立体感。高光粉一般要打在脸的正面区域，斜面和侧面则不需要。

有效位置

- ★ 眼睛下方的三角区域
- ★ T字部位
- ★ 下颌尖

消除暗影的高光粉（暗影粉）

随着年龄的增加，肌肤会逐渐失去弹性，由于骨骼的影响，暗影也开始出现。仔细检查脸部，在凹陷处也打上高光粉。

有效位置

- ★ 太阳穴的凹陷处
- ★ 颧骨下方、外侧的凹陷处
- ★ 眼睛下面、由于松弛而出现的暗影

1 在下眼皮稍下的地方轻轻打上高光粉

首先在眼睛下方的黑眼圈处打上高光粉。把高光粉打在从眼头到黑眼球下方的区域，不要打得太多。此外，不要把高光粉打在眼尾外侧。

2 在腮红的边缘处打高光粉，使三角区得到突显

接下来，把高光粉打在腮红的内侧边缘处。通过这两个环节，使眼睛下方的三角区域更加突出，这样脸颊就会变得更有立体感。

3 在颧骨下方的凹陷处也打上高光粉

颧骨下方凹陷特别明显的话，可以在凹陷处打上高光粉。只将高光粉刷在暗影部分即可。高光粉不要打得太明显，让人感到似有若无的程度就可以了。

认真学习腮红的画法
打造优雅美颜

腮红是打造立体感时重要的化妆品。

但是这一步走错反而会增加衰老度，大家在使用时一定要注意。

下面我就向大家介绍画腮红时比较容易出现的错误和可以修正脸型的化妆技巧。

平常只是随便画腮红的人请一定要参考一下。

按照正确的方法画好腮红，您会发现自己也不敢相信的变化。

✕ 错误的腮红画法

重点是要把握好腮红的位置和范围。以下腮红的错误画法会突出脸上的缺点。

腮红画的太靠后

如果将腮红画到非常靠近耳朵的地方，会让脸看起来很宽，给人一种又大又扁平的感觉。正确的画腮红的位置应该位于脸侧面的正中。

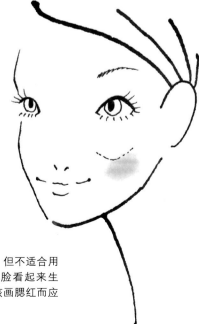

把腮红画在了颧骨下方

这种画腮红的方法虽然非常前卫，但不适合用来打造自然妆容。这样反而会让脸看起来生硬，令人显老。颧骨的下方不应该画腮红而应该打高光粉。

腮红可以修正脸型

圆脸、长脸的烦恼都可以通过腮红来解决。只要稍稍调整画腮红的位置、方向就可以解决这些问题。

标准脸型
→沿着脸颊画椭圆形

按照P36~37中介绍的基本方法画腮红就可以了。以脸的斜面处为基点，沿着颧骨画椭圆形。

圆脸
→竖长地画上腮红

根据颧骨的角度，竖长地画入腮红。这种画法会延长眼睛下方的三角区域，可以突出脸的竖长。

长脸
→横着画上腮红

画腮红时，从起点开始画横向的椭圆形。这样会缩短眼睛下方的三角区域，从而在视觉上给人一种脸被缩小的感觉。

第3章

散发您的美丽

~给人以完美印象的局部化妆法~

虽然规规矩矩地化好了妆，但不知为何总感觉"老气"。

许多成熟女性经常会遇到这样的问题。

使您"老气"的真正原因正是您多年来一直不变并深信不疑的化妆方法。

重新审视、改变多年来已经习惯的化妆方法，就可以最大限度地发挥自己的魅力。所以大家一定要记住各种化妆品的基本使用方法。

眉毛
Eyeblow

对原来的眉毛稍作修整即可

我最常从女性朋友那里听到的就是眉毛该怎么画的问题。确实，眉毛是决定着整张脸的印象的重要部位，但是大家没有必要把它想得太复杂。确认自己的眉形后，参考下面的"理想眉形"画就可以了。不需要又剪又拔大幅度的改动，只需要心里想着把自己的眉毛弄整齐就可以避免失败。

Point 要点
★ 不要突然对眉毛做大幅度的改变
★ 首先要使两条眉毛达到完美的平衡
★ 根据自己的眉毛特点来画

下面是"理想眉形"
检查一下自己的眉毛与其有何差别

左右的高度	眉峰的位置	眉毛的长度
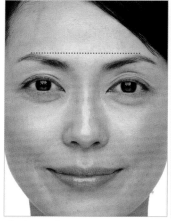	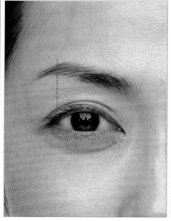	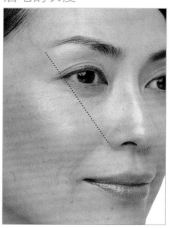

高度一致

把左右两个眉峰连在一起，看看高度是否相同。如果高度不同的话，就要将两条眉毛画成平衡的。

通过眼白轻松确定眉峰的位置

眉峰应该位于外侧眼白的末尾处的正上方。有很多亚洲人的眉峰是在正中间，所以修眉时要把眉峰稍稍向外侧修。

眉尾位于鼻翼和眼尾的延长线上

眉尾的位置决定着眉毛的长度。连接鼻翼和眼尾，眉尾位于这条延长线上的话就可以称作"美眉"了。如果眉毛没有那么长的话，就用眉笔补上。

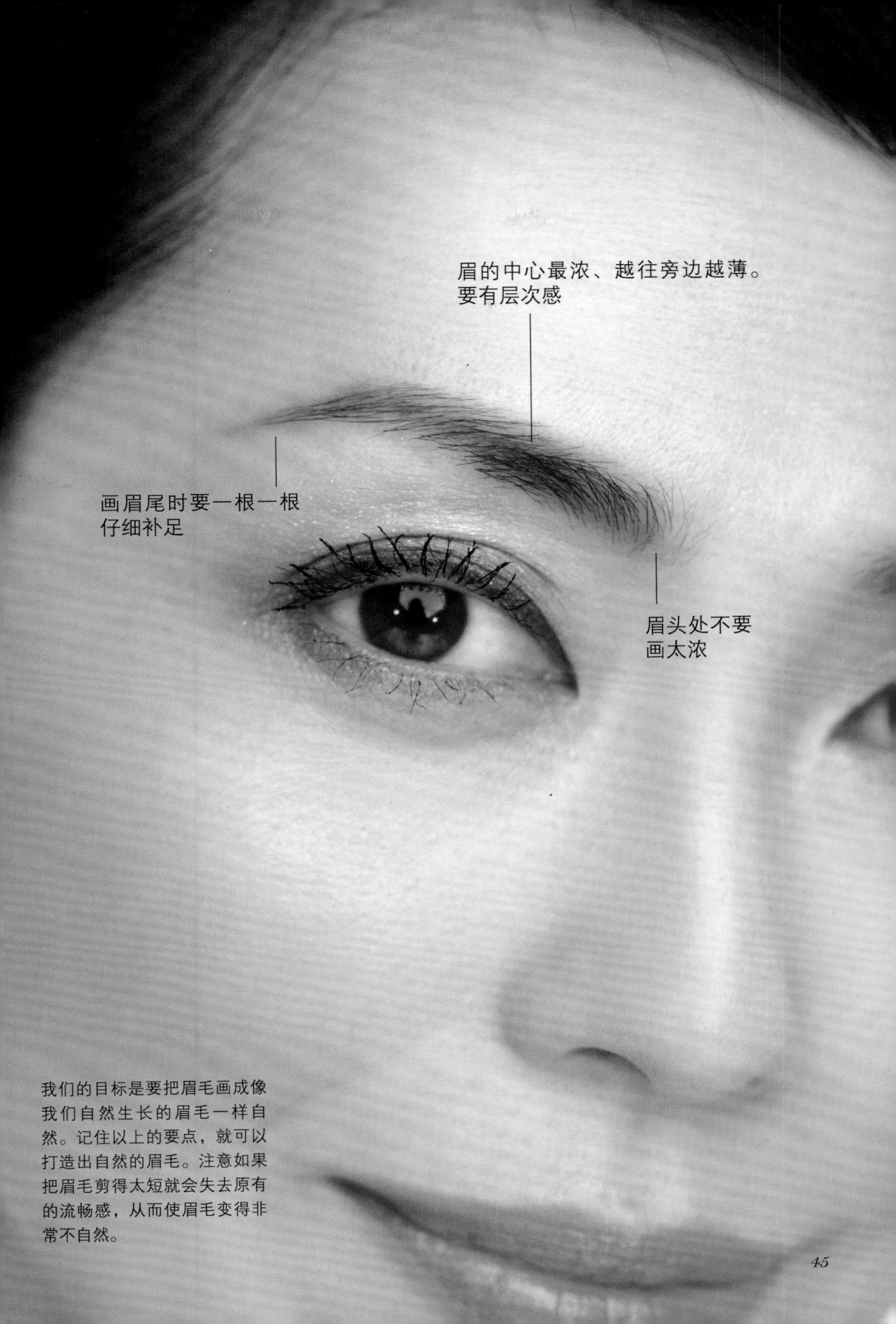

眉的中心最浓、越往旁边越薄。
要有层次感

画眉尾时要一根一根
仔细补足

眉头处不要
画太浓

我们的目标是要把眉毛画成像
我们自然生长的眉毛一样自
然。记住以上的要点，就可以
打造出自然的眉毛。注意如果
把眉毛剪得太短就会失去原有
的流畅感，从而使眉毛变得非
常不自然。

眉笔和眉粉

学会区别运用眉笔和眉粉就简单多了

通过"调整眉形"和"打造层次"两个阶段来画眉毛，才可以画出漂亮的眉毛。调整眉形时需要用到眉笔。在此阶段要确定眉峰的位置、眉毛的长度等，画出眉毛的基本形状。眉形确定后用眉粉来增加眉毛的层次感。需要在眉刷上涂上眉粉，在眉毛上刷涂，就会使眉毛变得富有立体感，看上去更加自然和谐。

Point 要点

★ 区别运用眉笔和眉粉
★ 使用眉笔时要一根一根仔细画
★ 使用眉粉时眉毛的正中间要浓，越往旁边就越薄，要画出层次感

1 用眉笔在眉峰位置做上标记

建议大家选择与眉毛颜色相近的棕黑色眉笔。首先要确定眉峰的位置，在外侧眼白末端的正上方做上标记。

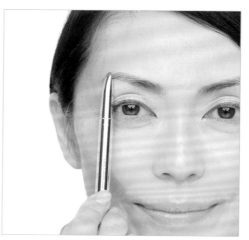

2 确定眉尾的位置、首先画眉峰到眉尾的部分

确认眉尾的位置。连接鼻翼和眼尾，在延长线上画上标记。将其与眉峰相连。连接的时候不是一笔连上，要用眉笔一根一根地画。

3 开始画眉毛的中间部分

接下来就要开始画眉毛的中间部分了。从眉毛中间最浓的部分开始一直画到眉峰处，眉毛稀疏的地方要用眉笔补足，一定要沿着眉毛的走向画。

4 眉头处也要一根一根仔细画，画得自然些

注意眉头如果画得太浓的话，眉毛就会显得不自然。在眉毛稀疏的地方将眉毛一根根补画上去。完成后，用同样的方法来画另一道眉毛。画的时候注意左右两道眉毛的平衡。

5 在整道眉毛上涂上浅棕色的眉粉

调整好眉形后将浅棕色的眉粉涂在整道眉毛上。用稍宽一些的刷子蘸取眉粉后，将眉粉从眉头涂向眉尾即可。就像要从眉毛中溢出一样多刷些眉粉。

6 用深色的眉粉来突出眉毛的中心

用较细的眉毛刷蘸取深褐色的眉粉，将眉毛刷横向刷入相当于"眉毛心"的中间部位。这样眉毛的上下、左右就形成了自然的层次感。

欧珀莱
灵动随心眉笔 BR1
无论是细线还是粗线都能随心如意地进行描绘，且具有良好的防水抗汗性。

通过不同的画眉方法来接近自己想要的形象

宽度、长度、眉峰的弯曲度等，只要稍稍改变一下眉形，脸给人的
印象就会发生很大变化。

此外，通过不同的画眉方法可以对圆脸和长脸起到微调的作用。

下面大家请跟我学习这些重要技巧。

以P46~47中的基本技巧为基础，大家可以尝试打造适合自己的眉形。

通过改变眉形来打造自己想要的形象

通过改变眉峰线和眉毛的宽度就可以改变脸给人的第一印象。根据自己喜欢的形象，去尝试着调整自己的眉形吧！

有一定弧度的眉毛

如果眉峰呈曲线状会给人柔和、温柔的印象。本身形象看起来比较严厉的人可以把眉峰画出一定的弧度，这样可以让脸上的表情看起来柔和一些。

角度分明的眉毛

眉峰处的角度分明，给人以酷且敏锐的印象。如果您想变身为知性的"女强人"，可以让眉峰明显突出。

粗眉

强有力的粗眉会突出人的清新感和青春感。在眉毛的下侧稍微补画一下，就可以自然地增加眉毛的粗度。

细眉

纤细的细眉给人以女性化、成熟化的感觉。追求优雅的时尚时，可以选择把眉毛画得细一些。

用眉峰的高度来修正脸型

脸的长度取决于眉峰以下的长度。也就是说只要稍微提高或降低眉峰的位置，脸就会在视觉上跟着变长、变短。大家可以利用这条规律来修正自己的脸型。

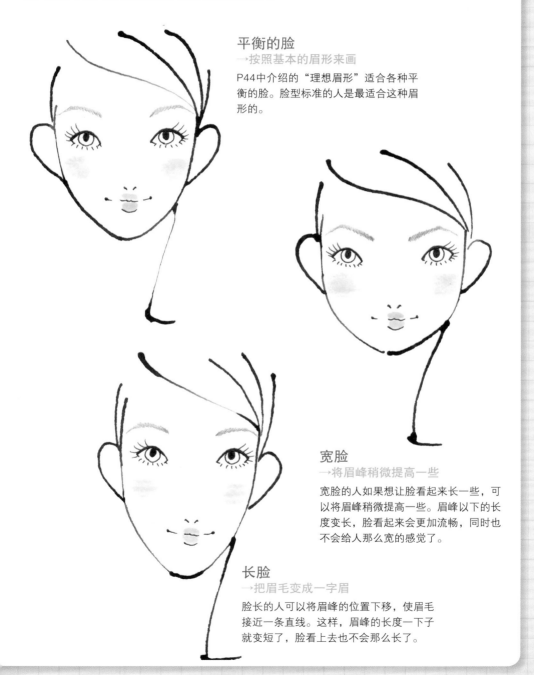

平衡的脸
→按照基本的眉形来画

P44中介绍的"理想眉形"适合各种平衡的脸。脸型标准的人是最适合这种眉形的。

宽脸
→将眉峰稍微提高一些

宽脸的人如果想让脸看起来长一些，可以将眉峰稍微提高一些。眉峰以下的长度变长，脸看起来会更加流畅，同时也不会给人那么宽的感觉了。

长脸
→把眉毛变成一字眉

脸长的人可以将眉峰的位置下移，使眉毛接近一条直线。这样，眉峰的长度一下子就变短了，脸看上去也不会那么长了。

Eye 眼妆 Make

给容易失去光彩的眼周以力量

随着年龄的增加肌肤逐渐失去了弹力，睫毛也开始变少，眼周给人的印象开始变得模糊不清。在化眼妆时我们要用到眼线、眼影、睫毛膏来积极地掩盖这些不利元素。这3种化妆品可以同时使用，也可以省去某一个。接下来就让我们来了解这3种产品各自的功效并熟练运用吧。

Point 要点

★ 发挥色、面、线的功效、让眼周绽放光彩
★ 意识到由于年龄关系而产生的变化，与流行相比要更注重经典
★ 了解眼线笔、眼影、睫毛膏的用途

眼周凝聚着色、面、线3个要素

色

比起涂眼影的位置，从眉头到眉尾裸露的肌肤应该与涂眼影的肌肤面积相同，更需要我们注意。

面

以眼球所在的上眼皮为一个弧面，在使用各种化妆品时要注意这个弧面的存在。

线

年纪越大睫毛就越少，眼睛给人的印象也就越模糊，这时候我们需要给水汪汪的眼睛"镶上边"，让睫毛更清晰。

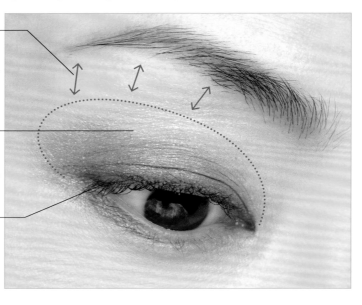

化眼妆从夹睫毛开始

化眼妆的第一步就是要让睫毛翘起来。用睫毛夹夹住睫毛后，手腕向外，让睫毛夹向上移动。夹完后，眼睛看上去马上就大了许多。

欧珀莱
睫毛夹

贴合眼部弧度、弹性良好的橡胶垫，能使睫毛更卷翘。

睫毛的"浓度"可以让
眼睛的框架更明显
所以睫毛越长眼睛看起
来就越大

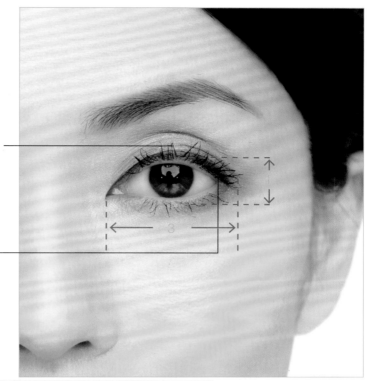

眼线笔是决定眼睛
框架的化妆品。
眼睛的高度：宽度
的最佳比是1：3

眼影可以增加眼周的
透明感和立体感

Eyeline 眼线

用黑色眼线笔来修饰眼睛的框架

画眼线可以加深和突出眼睛的框架结构，使用黑色的眼线笔可以化出自然的眼妆。此外，眼线还具有连接睫毛根部的效果，可以让睫毛看起来更浓密。我们一起利用眼睛的错觉来打造又大又有神的眼睛。

1 以"高度1∶3"的比例可以很容易找到眼尾的位置、在此处做上标记

理想的眼睛形状的高度和宽度的比是1∶3。根据这个比例很容易确定眼尾的位置。眼尾下垂的人可以将眼尾提高1~2mm，眼睛小的人可以将眼尾的位置向外移1~2mm。

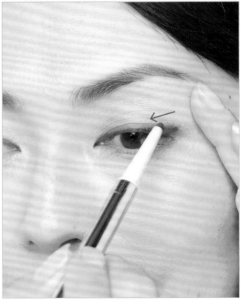

2 从眼尾处的记号开始将眼线画到黑眼球的外侧

以图1中的标记为新的眼尾。将其与黑眼球的外侧连接。用另一只手稍稍提起眼尾，从眼尾处向黑眼球的外侧一点点描画眼线。

3 把黑眼球上方的睫毛根连接起来

用眼线笔把黑眼球上方的睫毛根连接起来。用另一只手轻轻按住眼皮，让睫毛根完全露出来，这样画起来比较方便。不流畅也没关系，一点一点画就可以了。

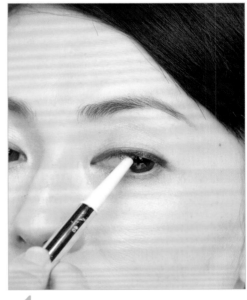

4 剩下的部分"斜着眼睛"画

接下来开始画黑眼球到眼角部分的眼线。把镜子放在眼睛外侧，让眼睛斜视着镜子，使眼角部分的皮肤绷紧，这样会更容易画眼线。

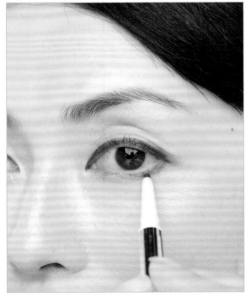

5 下眼线要从新确定的眼尾开始画起、以点涂的方式画下眼线

要从眼尾画起，画到1/3处即可。起点不是实际上的眼尾而是图1中确定的新眼尾。不是一条直线，而要以点涂的方式画眼线，这样效果会比较自然。

欧珀莱
灵动随心眼线笔 BK1
以清晰的显色效果和柔滑的毛芯进行描绘，且具有良好的耐水抗汗性。

资生堂
至美眼线液
可以画出理想眼线的富有弹力的眼线笔。能够描画出富有光泽的眼线，给予您一整天的美丽。

Eyeshadow 眼影

使用透明感的"明"和具有紧缩感的"暗"

有效地运用亮色眼影和暗色眼影。用亮色眼影来打高光，可以遮盖眼周的瑕疵，突出眼皮部分的弧面，从而增加眼睛的立体感。暗色眼影有收敛的效果，需要涂在眼线上方，打上适当的阴影，可以增加眼睛的立体感和层次感。米黄色×棕色系的搭配适用于任何人群，是最安全的选择。

Point 要点

★ 重要的不是"什么颜色"而是"怎样涂上去"
★ 使用2种颜色就可以
★ 涂眼影时注意眼窝的弧面

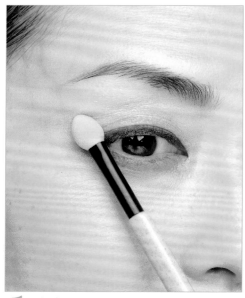

1 应先从眼窝的中心开始涂亮色眼影

首先用棉棒蘸取充足的米黄色系的亮色眼影，将眼影由眼窝的中心刷向眼尾。刷到眼尾与眉梢的中间位置即可。

2 将深色眼影刷在眼线上方、画在内外两层眼皮上

用比较细的棉棒蘸取充足的深色眼影。先将棉棒放在眼尾的睫毛根处，沿着眼线向内眼角刷眼影，刷完后再向外层晕染。

资生堂
心机彩妆　睛亮润彩眼影膏 BR275
水包油配方让保湿、矿物成分渗透进入角质层，锁住水分，让色彩更加服贴，使妆效更为持久。

资生堂
丝采眼影 BE701（上）　BR708（下）
呈现缎子似的高光泽及丝绸般的柔滑质感。能展现出眼影本身的色彩，持久美丽的妆容。

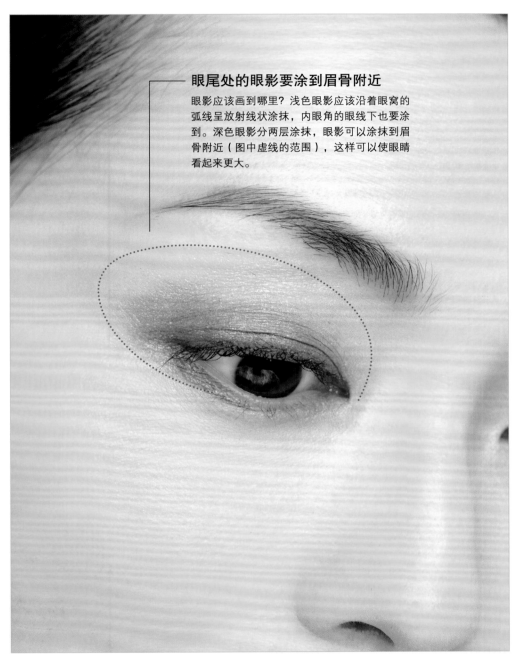

眼尾处的眼影要涂到眉骨附近

眼影应该画到哪里？浅色眼影应该沿着眼窝的弧线呈放射线状涂抹，内眼角的眼线下也要涂到。深色眼影分两层涂抹，眼影可以涂抹到眉骨附近（图中虚线的范围），这样可以使眼睛看起来更大。

欧珀莱
百变熠彩眼影 GD851

能令眼部展现多姿多彩的印象，形象塑造随心所欲，显色效果清晰的四色眼影。

资生堂
丝柔亮滑眼影组 BR307

富有艺术和幻想气息的调色板。具有缎纹织物一样的优雅光泽和丝绸般的高级顺滑的质感。颜色鲜明，妆效持久。

Mascara 睫毛膏

成熟女性打造大而有神的眼睛时必不可少的化妆品

有的成熟女性不擅长使用睫毛膏，但是睫毛膏可以让眼睛又大又有神，丰富眼睛的表情，对于眼周逐渐变模糊的成熟女性来说睫毛膏恰恰是必不可少的。画好睫毛膏的关键在于要在睫毛的根部涂上充足的睫毛膏。根部涂上足够的睫毛膏可以让睫毛看起来更浓密，妆容也会更自然。

Point 要点

★ 首先将睫毛膏涂在睫毛的根部
★ 注意覆盖眼球表面的薄皮肤、呈放射线状晕染眼影
★ 下睫毛也要涂上睫毛膏

1 用手指提起眼皮、露出睫毛的根部

用左手将上眼皮提起，让睫毛的根部完全露出来。尤其是睫毛向下长的一定要这么做。

2 将睫毛刷横向放到睫毛根部

将睫毛刷放到睫毛根部，在根部涂上充足的睫毛膏。一边移动睫毛刷一边仔细刷睫毛膏，中间、眼角这些位置都要涂上。

3 把睫毛刷从睫毛的根部以Z字形向睫毛的末梢移动

把睫毛刷从睫毛的根部以Z字形移动向睫毛的末梢移动，一边移动一边涂抹睫毛膏。参照上眼皮的弧度，将内眼角上的睫毛刷向眉头方向，眼尾处的睫毛向眉尾方向刷，让睫毛呈放射线状分布是画好睫毛的重点。

4 刷眼尾处的睫毛时将睫毛刷竖起来，一根一根仔细涂上睫毛膏

一手将眼尾处的眼皮拉高，一手涂睫毛膏，这样会比较方便易涂。竖起睫毛刷，用睫毛刷的头部一根一根仔细涂抹。涂抹的方向应该向着眉尾。

5 用睫毛刷"梳理"下睫毛

下睫毛也要涂上睫毛膏。将睫毛刷横放，从睫毛根处向睫毛末梢移动，将睫毛膏"梳理"到睫毛上。接下来将睫毛刷竖起来，一根一根仔细涂抹下睫毛。

欧珀莱
惊展亮眸睫毛膏（浓密型）
缔造根部浓而粗、梢部根根分明的浓密睫毛。

资生堂
心机彩妆　浓密广角睫毛膏
全方位拉长睫毛、打造动人双眸。

小课堂4
解决烦恼的眼妆术

眼皮下垂、单眼皮等
眼周问题可以用眼影来解决

眼睛小、眼皮下垂等烦恼都可以通过化妆来解决。

可以解决这些问题的化妆品就是眼影。

"如果眼睛再大些就好了"、"如果有双眼皮就好了",

这些想法可以通过涂抹深色眼影来实现,深色眼影可以很好地遮住眼周的瑕疵。

由于眼皮下垂而被遮住的眼睛

由于下垂的眼皮挡住了眼尾附近的眼睛,致使眼睛看起来像三角眼。睁开眼睛,想着"如果眼睛到这里就好了",在这个范围内涂上深色眼影。

闭上眼睛的时候,从眼尾处开始涂抹眼影,涂到眼皮的1/3处即可。涂抹中间部分时要一边注意眼窝的弧度一边晕染。

单眼皮

单眼皮的人可以先确定一下自己想要的双眼皮的位置,确定完后在这个区域涂上深色眼影。不要将眼影涂抹得太开,抱着加粗眼线的心情,只将边缘部分的眼影轻轻涂匀即可。

小眼睛

眼睛较小的人可以将深色眼影厚厚地涂在眼睛中央（黑眼球上下眼皮上的部分）。这样在眼睛的错觉下，黑眼球会看起来变大了许多，眼睛的高度似乎也增加了。

下垂的眼睛

随着年龄的增加眼尾也会逐渐下垂，为了提高眼尾，可以在眼尾附近涂上深色眼影。想要变成杏仁眼，在画眼影时，眼尾位置要比实际上眼尾的位置高一些。下眼皮不用涂。

凹陷的眼睛

用亮色眼影来修饰凹陷的眼睛。以眼窝的凹陷处为中心，在此处涂上大量明亮的米色眼影以消除眼部的暗影。不要大范围涂抹深色眼影，只在眼线上面涂上一层即可。

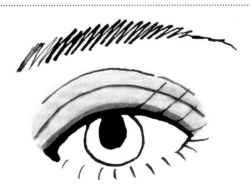

Lip 唇妆 *Make*

重点在于颜色的选择。了解"安全色"

对于口红，每个人都有不同的喜好，有的人认为不涂深色的口红会显得不稳重，有的人则只有亮色的口红。但是，现在的你和年轻时的你相比，肤色、发型、服装都已经不一样了。多年来都使用同种颜色口红的人请重新再确认一下，看看口红的颜色是否与现在的自己相配。暖色系的口红比较适合黄皮肤的亚洲人。

Point 要点

★ 暖色是最适合用于唇妆的。偏蓝的粉色效果比较一般
★ 使用唇线笔可以修饰出漂亮的唇形
★ 防止嘴唇干燥的护理工作也很重要

唇妆不只是添加颜色、还要注意修饰唇形

随着年龄的增长，嘴唇会逐渐变薄，轮廓也会渐渐模糊。用唇线笔画出整齐的唇线会让妆容更整洁。即使不用唇线笔，在涂口红时也要注意嘴唇的轮廓。

资生堂
心机嫩唇精华蜜

颜色为淡淡的樱花色，能够修饰裂纹和皮屑、可以让您拥有富有弹力、滋润的双唇。保湿效果好，能够持续滋润双唇。持续使用可以使双唇倍加水润。

建议大家使用稍带黄色的唇膏

亚洲人的皮肤不论多么白，都会稍带黄色。所以口红带有一点淡淡的黄才最适合这种肤色。化妆品公司中的"红色系"即是上述的颜色。虽然叫作"红色系"，但并不代表是"红"，而是从粉到珍珠色这一色域的颜色。

打造轮廓清晰的丰盈嘴唇

上嘴唇与下嘴唇的厚度比是1：1.5左右。下嘴唇比上嘴唇稍厚一点是最好不过的。上下嘴唇整齐相对、嘴角向上、嘴唇饱满是最完美的嘴唇。

Lip pencil
唇线笔

微调唇形，打造上扬的嘴角

年轻人与中年人嘴唇的最大不同就是嘴唇的轮廓。年轻时清晰的轮廓随着岁月的流逝逐渐变得模糊。同时，失去弹力的嘴唇看起来又薄又窄……解决这些问题的关键就是唇线笔。唇线笔可以修饰原来的唇形，让嘴唇变得饱满。让我们一边想着完美唇形的特点一边画唇线吧。

Point 要点

★ 不仅仅是描画原本嘴唇的轮廓，要一边修整一边画
★ 上唇的唇峰应该位于两个鼻孔的正下方
★ 整齐地连接上下的嘴角

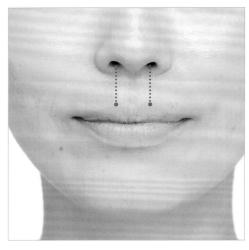

1 标记上唇唇峰的位置

上唇的唇峰位于两个鼻孔的正下方。用唇线笔在唇峰的位置上做标记号。两个唇峰距离较近的人可以将标记标到实际唇峰位置的外侧。

2 从唇峰画到嘴角

画完唇峰到唇峰之间的唇线后，接着画唇峰到嘴角间的唇线。将唇线笔横过来，利用笔芯的侧面一点一点画唇线。

选择与嘴唇颜色相近的唇线笔

唇线笔是用来补充原本的嘴唇的。因此，与口红不同，选择唇线笔时一定要选择与自己唇色相近的颜色。无论使用什么颜色的口红，唇线笔都应该使用同一种颜色。

欧珀莱
精致轮廓唇线笔 RS2

特殊的珠光阴影，使唇部中央的光反射更多，让唇部更加鲜明，使用与唇部相近的色调，能够起高度修正效果。

3 下唇也是由中央向嘴角画唇线

下唇也同上唇一样，要从唇中央向嘴角画唇线。画法与画上唇时一样，将唇线笔横过来，用笔芯的侧面来画。画的时候不要用力，要一点一点仔细画。

4 画上嘴角时要保持微笑的状态

保持微笑，在微笑的状态下画上嘴角。将唇线笔放在嘴唇下方，紧贴着嘴角画唇线。画下嘴唇的嘴角时也同样紧贴嘴角画。

5 轻轻张开嘴、连接上下嘴角

轻轻张开嘴，保持在发"诶"时的嘴型，整齐地连接上下嘴角。

6 用唇线笔涂满整个嘴唇、使唇线的痕迹变模糊

最后用唇线笔涂满整个嘴唇，使唇线的痕迹变模糊。这样即使口红褪色也不会露出唇线的痕迹。

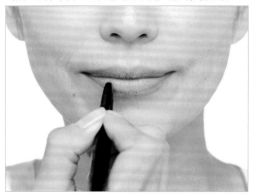

资生堂
柔滑唇线笔　BE701
流畅易画、唇线与肌肤自然贴合。颜色纯正，妆效持久。附带唇线刷。

口红

从嘴唇中央开始涂满口红可以使嘴唇变饱满

口红既可以直接涂也可以用唇刷涂。涂口红时最重要的是涂的方法。从嘴角向唇中央涂的方法是错误的。正确的涂法应该是从唇部中央开始向旁边涂，这样您才可以获得丰盈饱满的双唇。唇中央涂上足够的口红，向边上涂时逐渐变薄，这样嘴唇才会有立体感。

用唇刷竖着涂抹口红

用唇刷蘸取充足的口红后将其对准唇的中央。一定竖着唇刷，由中央向嘴角涂抹。竖着刷上口红，即使竖纹很明显的嘴唇也可以画得很漂亮。

欧珀莱
恒彩塑型立体唇膏　RD351

含有"3D美形珠粉"，实现极佳的光泽感。 通过色调和亮度不同的珠光剂配合，实现前所未有的立体感。

资生堂
完美唇膏　BE208

名副其实的完美唇膏，颜色纯正。可以防止嘴唇干裂，具有保湿功能。

突出眼睛和嘴唇的
成熟美妆完成

让别人看不出的自然妆。整天都待在家里或只是到很近的地方化淡妆就可以了。在脸上涂上薄薄的一层粉，再画上腮红和涂上口红，增加健康的血色。最后再微微修饰一下眉毛，在睫毛稀薄处画上一点眼线就可以了。这样化妆后肌肤更加整洁，几乎与素颜一样，色斑和黯沉也不那么明显了。整个化妆过程只需要2~3分钟。在繁忙的清晨大家也可以化个淡妆，让形象更加靓丽。

自然妆

外出时想要打扮得美美的、华丽而又时尚，那么就需要全套化妆了。睫毛膏、眼影等不是每天都用的化妆品这时也要用上了。看着镜子中慢慢变美的自己，您是不是心激动得怦怦直跳呢？一笔一笔地描画让女性的心情好起来。化妆就是有这种魔力。虽然脸颊有色斑，眼尾有皱纹，但是愉快地化完妆后，您会发现它们不可思议地变得不再那么明显了。把化妆的魔力运用到自己身上，您会得到一张"幸福容颜"。

完全妆

卸妆
Cleansing

仔细卸妆是保持肌肤年轻的秘诀

不管妆化得多么好，如果您本身的肤质不够好，也很难变身完美美人。保持肌肤完美的关键在于是否能够正确地卸妆。比较难卸的局部妆容需要用专门的卸妆水，卸基础妆时用对肌肤没有负担的卸妆乳。卸妆时不要用力搓拉肌肤，用轻轻的力量即可。

卸局部妆容

欧珀莱
净美清肌卸妆液
（眼唇部）

含有护理成分，能轻松地卸除眼部、唇部等不易卸除的彩妆。

卸局部妆容。在化妆棉内侧倒上足够的专用卸妆水。

把化妆棉夹在无名指和中指之间，用来卸唇妆。将化妆棉横向放置，上下移动化妆棉，一边按压一边擦拭。竖着移动化妆棉可以将嘴唇竖纹中的口红也擦干净。

接下来卸眼妆。闭上眼睛，把化妆棉放在眼睛上5秒钟左右。接着向着睫毛的方向移动化妆棉，轻轻擦拭即可。卸妆时千万不要太用力擦。

最后擦去细小地方留下的眼妆。将蘸有卸妆水的化妆棉折成4折，用化妆棉的折角来擦拭。用手指轻轻将眼皮提起，将睫毛、眼皮上残留的睫毛膏和眼线擦干净。

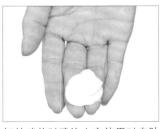

资生堂
盼丽风姿洁面乳剂

泡沫丰富、温和不刺激皮肤，含有 天然净化因子，轻松洗掉残妆和污垢。洗净后的肌肤柔软、湿润不干燥。可以用纸巾擦干也可以用清水洗净。

卸基础妆时建议大家使用对皮肤没有刺激性的卸妆乳。一次性挤出够全脸使用的量。

1

将卸妆乳分别抹在左右两颊、额头、鼻头、下颌这5个地方。面积较大的脸颊要多抹一些，鼻头和下颌少抹一些。

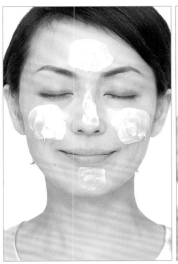

2

用中指和食指的指腹将卸妆乳打圈按摩开。卸妆乳变软，颜色变透明了就标志着妆已经溶于卸妆乳了。

3

取一张面巾纸，将其盖在脸上。先按压脸颊和额头，再按压眼皮、鼻翼等凹陷处。等到面巾纸吸收完卸妆乳后再轻轻擦拭。

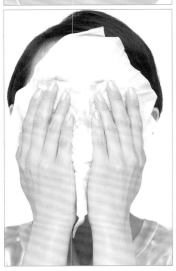

4

取一张新的面巾纸。把食指到小拇指卷在面巾纸里。将残留在肌肤上的卸妆乳轻轻擦干净。卸完妆后用洗颜皂或洗面奶来洗脸，最后用流动水将脸冲洗干净。

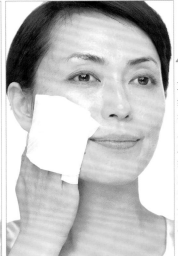

脸部运动
Face Exercise
运动表情肌动起来!!

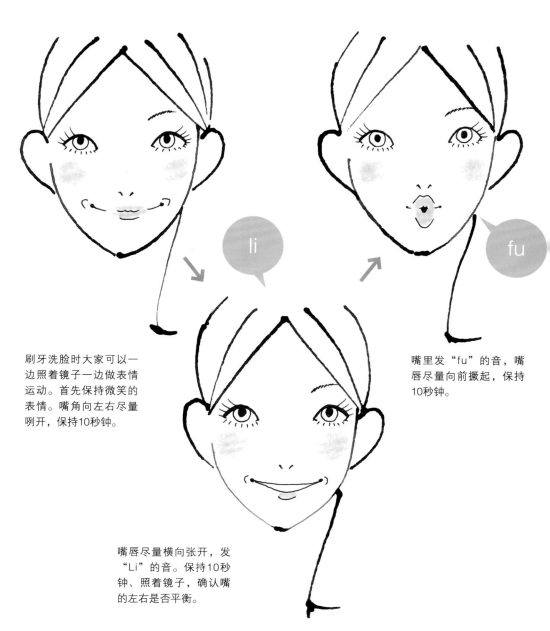

刷牙洗脸时大家可以一边照着镜子一边做表情运动。首先保持微笑的表情。嘴角向左右尽量咧开，保持10秒钟。

嘴里发"fu"的音，嘴唇尽量向前撅起，保持10秒钟。

嘴唇尽量横向张开，发"Li"的音。保持10秒钟、照着镜子，确认嘴的左右是否平衡。

脸变老的最大原因就是松弛。为了预防肌肤的松弛，锻炼皮肤下面的表情肌理是很重要的。大家可以按照下面的方法来锻炼试试。通过脸部的大幅度运动可以让日常很难用到的肌肉得到很好的锻炼。日常生活中经常大笑也可以预防肌肤松弛。

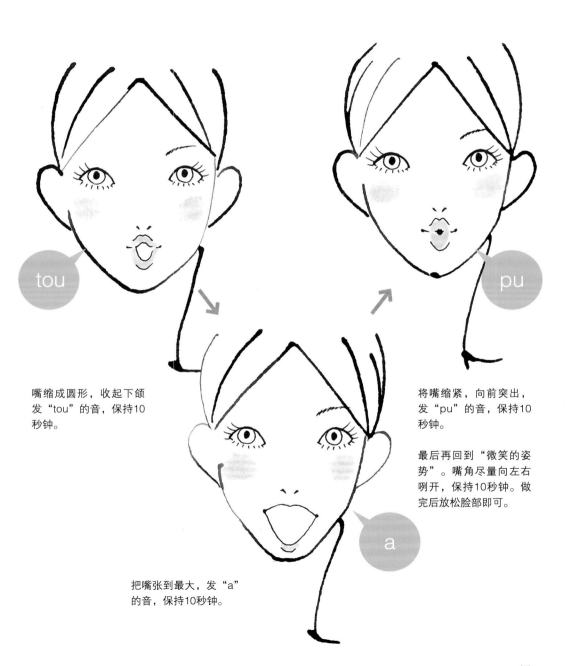

嘴缩成圆形，收起下颌发"tou"的音，保持10秒钟。

将嘴缩紧，向前突出，发"pu"的音，保持10秒钟。

最后再回到"微笑的姿势"。嘴角尽量向左右咧开，保持10秒钟。做完后放松脸即可。

把嘴张到最大，发"a"的音，保持10秒钟。

脸部按摩
Face Massage
解决脸部烦恼的简单按摩法

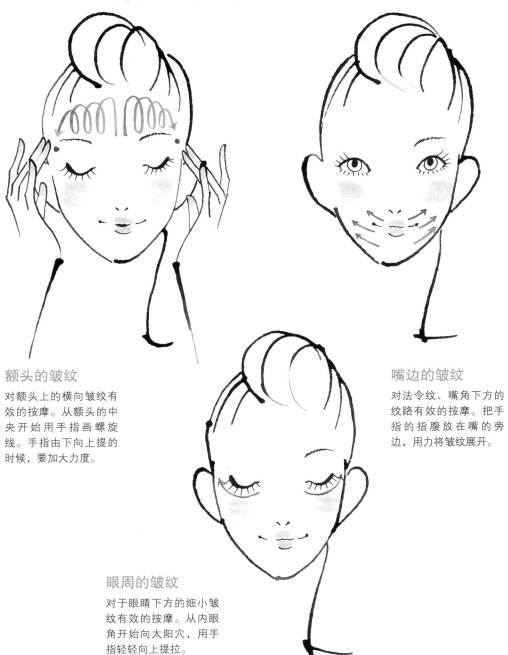

额头的皱纹

对额头上的横向皱纹有效的按摩。从额头的中央开始用手指画螺旋线。手指由下向上提的时候，要加大力度。

嘴边的皱纹

对法令纹、嘴角下方的纹路有效的按摩。把手指的指腹放在嘴的旁边，用力将皱纹展开。

眼周的皱纹

对于眼睛下方的细小皱纹有效的按摩。从内眼角开始向太阳穴，用手指轻轻向上提拉。

随着年龄的增加各种各样的肌肤问题也开始出现了。虽然肌肤的衰老是不可避免的，但是每个人都想尽力保持年轻、富有透明感的肌肤。除了基础的肌肤护理外，按摩对皱纹、松弛等肌肤问题也是非常有效的。坚持每天按摩的习惯，针对不同的肌肤问题采用相应的按摩，您会得到让人忘记年龄的美肌。

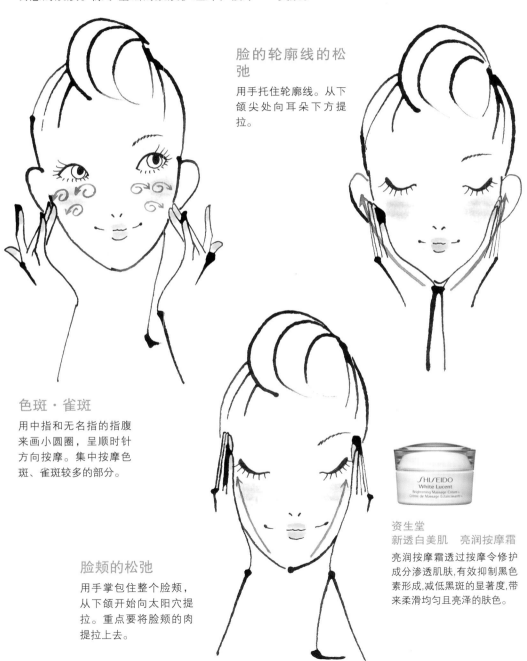

脸的轮廓线的松弛

用手托住轮廓线。从下颌尖处向耳朵下方提拉。

色斑·雀斑

用中指和无名指的指腹来画小圆圈，呈顺时针方向按摩。集中按摩色斑、雀斑较多的部分。

脸颊的松弛

用手掌包住整个脸颊，从下颌开始向太阳穴提拉。重点要将脸颊的肉提拉上去。

资生堂
新透白美肌 亮润按摩霜

亮润按摩霜透过按摩令修护成分渗透肌肤，有效抑制黑色素形成，减低黑斑的显著度，带来柔滑均匀且亮泽的肤色。

SHISEIDO
White Lucent
Brightening Massage Cream
Crème de Massage Éclaircissante

美丽关键词
Beauty Keyword

内外兼修才是漂亮 "老去" 的秘诀

年华的流逝绝不是一件消极的事情。成熟女性身上有年轻女孩没有的、与年龄相符的美丽。为了漂亮地 "变老"，女性自身要注重对自己的保养。下面我就向大家介绍一些保养的关键词。只要您花些精力就可以变得充满朝气，就能够提升自己优雅、成熟的魅力。

身体护理
滋润的肌肤会提升您的状态

很多人都非常注重脖子以上的保养，但却忽略了对身体的护理。手腕、脚、胸口等露在外面的肌肤也是非常显眼的。这些部位也和脸一样需要经常护理，让身体上的肌肤也变成莹润美肌吧。肌肤护理非常简单，泡完澡后涂上身体乳或精油即可。被惬意的芬芳包围，心情也可以得到放松。定期为身体去角质，让肌肤保持良好状态。

欧珀莱
美体塑身乳

加速多余脂肪的分解与代谢，防止脂肪堆积。全新FMA(促进脂肪代谢)复合物，控制多余脂肪的效果更明显。

姿势
注意躯干的状态、保持平衡的站姿

优雅女性的共同点就是 "姿态端正"。有许多女性非常注重自己的体重和身材而努力地减肥，但实际上，比起纤瘦的身材，端正的站姿和坐姿才会让自身看起来更加平衡。为了保持正确的姿势就要注意自己的腹肌、背肌等躯干的肌肉，这样才会得到很好的效果。为了避免肚子上出现赘肉，站立时也要绷着劲，坐的时候大腿内侧要紧贴在一起，这样身体的姿态就会变得笔直。

时尚
不要 "隐藏" 而要果敢 "表现"

随着年龄的增长，肚子、臀部等地方的赘肉会逐渐增加。为了遮住这些赘肉经常穿着宽松的服装，这种宽松的衣物反而会给人 "老气" 的印象。果敢地将腰部、手腕、脚腕等纤细部分露出来才会增加您的时尚感。即使身上不再光滑，也可以穿适度裸露的服装，这样脸也会显得更漂亮。观察全身，打造干练的时尚感。

饮食
多吃鱼、肉等含蛋白质的食物

如果身体不好，皮肤也会变差。肌肤是身体的一部分，虽然肌肤的护理、化妆很重要，但如果身体不健康也不会有美丽健康的肌肤。因此，饮食是非常重要的，特别是对肌细胞来说，蛋白质是必不可少的。每天的饮食中都要摄取适量的肉、鱼和豆制品。许多女性特别喜爱食用面包、面食等碳水化合物，控制肉和鱼的摄取，一味地吃蔬菜，这样是不对的。营养均衡的饮食才是最重要的。

头发的护理
充满光泽、弹性的头发可以提升您的年轻感和品位

发型是左右您的美丽程度的重要因素之一。随着年龄的增加，头皮的血液循环会逐渐变差，营养成分很难到达毛发。这时就需要开始护理孕育头发的头皮了。除了使用洗发露外要经常按摩，使用专门护理头皮的护理剂效果会更好。头皮的状态变健康了，发根才会更坚固，才能保持浓密的头发。如果发现头发不再浓密，就要尽早开始护理头皮。

护理道
头皮生机系列　能量健发精华液

有效改善脱发、发量稀少等问题。

配合有效的药物成分腺甘，早晚各用于头皮一次，并配合手指按摩。让您的秀发恢复浓密。

辅助营养品
可以有效补充维他命C、氨基酸等营养物质

由于年龄、生活节奏紊乱等原因，肌肤所必需的物质正在逐渐减少。例如：胶原蛋白、各种维生素、矿物质、氨基酸……我们可以从饮食中补充基本的营养物质，不足的部分可以利用辅助营养品来补充。由于辅助营养品也是食品，所以需要每天都准时服用才会有效果。选择适合自己的营养品连续服用1个月或2个月，服用时注意观察身体和皮肤的状态。

积极的态度
不要丢掉好奇心、积极地行动

优雅、时尚、可爱……形容优秀女性的词汇有很多。我认为积极的态度是成熟女性变得优秀的条件之一。实际上积极活泼的女性是非常有魅力的。保持自己的好奇心，挑战不同的兴趣、不断地学习、旅行才会把自己变得更美丽。抱着积极的态度生活，让每天都充满朝气，脸上带着灿烂的笑容。

放松
高品质的睡眠孕育健康肌肤

"夜晚是肌肤再生的时间"、"夜晚10点到凌晨2点是肌肤的黄金时间"这些话你是不是经常听到呢。与肌肤再生相关的成长激素是在睡眠中分泌的。睡眠是美肌最不可缺少的"最佳美容液"。比起几点睡觉，如何获得高质量的睡眠才是最重要的。晚上舒服地泡一个热水澡，将自己喜欢的身体乳涂满全身，消除一天的疲劳。香甜地睡上一觉，第二天皮肤会变得紧绷绷的。

结束语

　　我最初的化妆工作是在我的出生地长崎担任美容顾问（BC）。从那时开始，我就看到很多普通的女性经过化妆后变得非常美丽，在镜子前闪闪发光。迄今为止，我已经给许多女艺人、模特化过妆，但是真正给我许多"灵感"的恰恰是在街上购买化妆品来化妆的普通女性。

　　这本书是对让我了解化妆的美妙的成熟女性表达感谢的作品。认为很难掌握全部化妆方法的人可以分别学习腮红、眉毛等某个部位的化妆方法，大家可以慢慢学习、尝试。就像大家教会我许多事情一样，希望看到这本书的人也能够发现化妆的妙处。

　　最后，我谨在此对这本书的出版给予大力支持的江口知子，给予我理解和力量的实业之日本社的鬼头彰子，为本书做出细致工作的中村美奈子和井内良子，共同研究成熟女性的资生堂美容液开发中心的同事们，以及所有支持我的人表示衷心的感谢。

西岛悦

TITLE：[西島悦の大人きれいメーク　DVD付]
BY：[西島悦]
Copyright © Etsu Nishijima,2011
Original Japanese language edition published by JITSUGYO NO NIHONSHA.
All rights reserved. No part of this book may be reproduced in any form without the written permission of the publisher.
Chinese translation rights arranged with JITSUGYO NO NIHONSHA.,Tokyo through Nippon Shuppan Hanbai Inc.

图书在版编目（CIP）数据

西岛悦熟龄美妆术／（日）西岛悦著；马金娥译. —沈阳：辽宁科学技术出版社，2013.5
ISBN 978-7-5381-7522-6

Ⅰ.①西…　Ⅱ.①西…②马…　Ⅲ.①女性—化妆—基本知识　Ⅳ.①TS974.1

中国版本图书馆CIP数据核字（2012）第115886号

策划制作：北京书锦缘咨询有限公司（www.booklink.com.cn）
总 策 划：陈　庆
策　　划：邵嘉瑜
设计制作：王　青

出版发行：辽宁科学技术出版社
　　　　　（地址：沈阳市和平区十一纬路 29 号　邮编：110003）
印 刷 者：北京瑞禾彩色印刷有限公司
经 销 者：各地新华书店
幅面尺寸：160mm×230mm
印　　张：5
字　　数：80千字
出版时间：2013年5月第1版
印刷时间：2013年5月第1次印刷
责任编辑：郭　莹　谨　严
责任校对：合　力

书　　号：ISBN 978-7-5381-7522-6
定　　价：32.00元

联系电话：024-23284376
邮购热线：024-23284502
E-mail：lnkjc@126.com
http://www.lnkj.com.cn
本书网址：www.lnkj.cn/uri.sh/7522